CONSIDÉRATIONS

SUR LA

MANIÈRE DE GOUVERNER

LES ABEILLES.

CONSIDÉRATIONS

SUR

LA MANIÈRE

DE

GOUVERNER

LES ABEILLES.

—Ce champ ne se peut tellement moissonner,
Que les derniers venus n'y trouvent à glaner.

LA FONTAINE.

Par M. DE B.

Membre de la Société d'agriculture du département de l'Indre.

A CHATEAUROUX,

DE L'IMPRIMERIE DE A. M. BAYVET.

1810.

A

MONSIEUR PROUVEUR,

PRÉFET DE L'INDRE,

BARON DE L'EMPIRE.

Monsieur,

LA Société d'agriculture du département de l'Indre, en ordonnant l'impression des Considérations sur la manière de gouverner les Abeilles, *que j'ai eu l'honneur de lui soumettre, me fait un devoir de vous en présenter l'hommage.*

C'est à vous, Monsieur, qu'il faut reporter les avantages, chaque jour mieux sentis, d'un établissement qui languissait,

et que vous avez rappelé à la vie (*).
Jouissez, Monsieur, des nombreux bien-
faits qu'il a déjà produits : ils sont votre
ouvrage. Ce triomphe d'un cœur noble,
est d'autant plus flatteur pour vous, qu'il
reçoit de l'opinion publique, un nouveau
prix. Il est doux de faire le bien, et
d'en trouver la récompense dans les sen-
timens de ceux qui en ont été l'objet !

Je suis avec respect,

MONSIEUR,

Votre très-humble et très-
obéissant serviteur,

DE BUCHEPOT.

(*) La Société d'agriculture de l'Indre a reçu, en 1807,
une nouvelle organisation par les soins de M. Prouveur; et
c'est l'époque de l'heureuse émulation qui s'est généralement
fait sentir et semble devoir s'étendre à toutes les parties de
l'économie rurale du département.

INTRODUCTION.

On ne se lasse point d'écrire sur les abeilles. En effet, soit que l'on considère ces insectes sous le rapport de la perfection de leurs ouvrages, soit qu'on ne voie en eux que l'utilité de leurs travaux, ils sont également dignes de l'attention du philo-sophe et des soins de l'économe.

C'est particulièrement sous le point de vue de l'éducation, que je me suis proposé d'envisager les abeilles. Je sens tout ce que je hasarde, en traitant un sujet qui, déjà, l'a été tant de fois. On ne manquera pas de m'opposer le *Manuel* de M. Lombard, le *Traité* de M. Ducarne, l'*Instruction* de M. Coupé, et tant d'autres ouvrages du même genre, qui, aura-t-on soin de dire, ne laissent rien à désirer. A cela, je n'ai qu'une chose à répondre: J'aime les abeilles, je les cultive avec soin et avec succès; et j'ai cru pouvoir dire de quelle manière, à bien des personnes, qui peuvent profiter d'une méthode utile et avantageuse. D'ailleurs, qu'and il s'agit du bien public, il est permis de se mettre sur les rangs : jamais circonstance ne fut plus favorable à mon dessein. Les abeilles sont devenues l'objet d'une attention particulière. On sent généralement de quelle ressource on s'est privé, en négligeant les produits de leur industrie; on cherche même, par des récompenses, à rendre à cette partie de l'économie rurale, le degré d'importance qu'elle mérite (*). J'ai donc pu et dû contribuer,

_____

(*) La Société d'agriculture du département de la Seine a, dans sa séance publique du 1.er mai 1808, proposé deux prix, qui seront décernés dans celle d'après Pâques 1812, savoir: un prix de 800 *francs* au propriétaire, cultivateur ou autre, qui introduira dans le voisinage des forêts cin-

autant qu'il est en moi, à l'amélioration
d'une branche de commerce, que les pro-
grès du luxe et la privation momentanée

---

quante peuplades d'abeilles, au moins, qui pourront se
dépouiller, sans les faire périr; ou à celui qui, sur une
étendue de landes considérable, établira deux cents ruches,
au moins, faciles à dépouiller, sans détruire les abeilles; et
un second prix de 400 *francs*, à celui qui, dans un canton
où la culture des abeilles n'a lieu qu'en petit, aura établi
cinquante ruches d'abeilles, au moins, au-delà d'autres
établissemens du même genre, faits dans le même canton.

Les abeilles, est-il dit dans le *Programme des Prix remis
et proposés, etc.*, par cette Société, dans la même séance
du 1.er mai 1808, ont été jadis si communes dans nos
forêts, que leur dépouille, ainsi que l'impôt qui se levait
sur les ruches domestiques, faisaient partie du revenu fon-
cier de nos rois. On connaissait l'*Hôtel des Mouches*, comme
nous avons connu l'*Hôtel des Fermes*. L'exercice de ce
droit se nommait l'*Aurillerie*. C'est en haine de cet impôt,
que l'on étouffait et détruisait les abeilles : ce qui les avait
fait disparaître de différens cantons. L'*Aurillerie* ayant
été éteinte, l'éducation des abeilles reprit de l'activité : elle
était devenue une des branches principales de l'économie
rurale; le miel et la cire étaient aussi devenus des objets
considérables de consommation et de commerce. On connaissait des rafineurs de miel dans la Belgique : plusieurs
familles de cette contrée, doivent même l'origine de leur ri-
chesse, au miel rafiné.

du sucre, ont rendue plus nécessaire. Je n'avancerai rien sur la manière de gouverner les abeilles, qui ne soit, pour moi, le résultat d'expériences pratiques : je dirai moins ce qu'il faut faire que ce que je fais. Si le précepte est bon, l'exemple est encore meilleur. Que j'aye, au reste, atteint, ou non, le but que je me suis proposé, je trouverai toujours, dans le motif qui m'a fait agir, sinon ma récompense, au moins mon excuse. La volonté de faire le bien, doit être comptée pour quelque chose.

~~~~~~~~~~~~~~~~~~~~~~~~~~~~~~~~~~~~~~

CHAPITRE PREMIER.

De la Ruche en général.

La ruche de l'économe (et c'est celle dont il s'agit ici) doit être simple, facile à dépouiller : c'est là qu'il faut s'attacher ; là, est, en quelque façon, toute la science du gouvernement des abeilles.

Sa forme la plus ordinaire, est celle d'une cloche. On a prétendu qu'elle était préférable, en ce que les vapeurs qu'exhalent les abeilles après s'être élevées et suffisamment concentrées dans la partie supérieure de la ruche, cèdent à l'inclinaison des parois, et retombent à la circonférence ; de manière que le couvain, placé au centre, est préservé de toute l'humidité. Mais l'expérience a prouvé que toutes les ruches, quand elles sont bien conditionnées, sont également bonnes, quelle qu'en soit d'ailleurs la forme.

La matière dont elle est faite, est de bois liant, ou de paille : celle-ci est la meilleure,

comme la plus saine et la plus commune; elle
est d'ailleurs la plus favorable aux abeilles,
qu'elle préserve de la trop grande chaleur
de l'été, qui fait fondre le miel, englue les
édifices en cire et les abeilles elles-mêmes.
Chaque amateur a sa ruche particulière,
qui, comme de raison, est toujours la meilleure. L'économe séduit par les promesses
qu'on lui fait, quitte souvent celle dont il
se sert, pour en adopter une nouvelle, et
est tout étonné de son peu de succès. Il re-
vient bientôt sur ses pas; et quelquefois
même, de dépit, abandonne l'objet de ses
soins et même de ses affections.

Il faut donc commencer par faire choix
d'une ruche qui doive moins la réputation
dont elle jouit, à l'art avec lequel on a su
la faire valoir, qu'aux avantages qu'elle
présente.

~~~~~~~~~~~~~~~~~~~~~~~~~~~~~~~~~~

CHAPITRE II.

De la Ruche pyramidale (1).

LA ruche pyramidale est incontestable-
ment celle qui mérite d'être préférée (2).
En voici la description, d'après M. Ducoüédic, qui en est l'inventeur :

---

(1) Cette ruche est improprement nommée *pyramidale* :
elle a la forme d'un cylindre, et devait, par conséquent,
être appelée *cylindrique*.

(2) La ruche villageoise de M. Lombard, quoiqu'admise
au Conservatoire des Arts et Métiers, n'est ni assez simple,
ni assez peu coûteuse, pour devenir ce qu'on peut appeler po-
pulaire. Jamais ruche n'a moins justifié son titre; et quoiqu'on en ait dit, elle ne peut être dépouillée, même de son
couvercle, sans faire périr un grand nombre d'abeilles.

Celle à *hausses*, autrement dite à la Gelieu, présentée
comme modèle dans l'Instruction sur la conservation et la
multiplication des abeilles, par M. Coupé *(de l'Oise)*, faite
de rouleaux de paille, comme la précédente, est susceptible de se déformer : il en résulte que le diamètre des diffé-
rentes parties qui la composent, n'est pas invariablement
uniforme, et que les hausses qui, d'ailleurs, ne peuvent
être assujéties qu'assez difficilement, et séparées de même,
ne s'adaptent pas toujours entre elles bien exactement.

La ruche de M. Blancherie, également en paille, et di-

« La ruche pyramidale n'est point for-
» mée de hausses, proprement dites : tous
» les paniers dont elle est formée, sont
» égaux en hauteur, en profondeur, et

---

visée en deux parties à peu près égales, en se brisant
par la moitié, doit nécessairement (je n'ai point été à
portée d'en juger) causer la perte d'une grande partie
du couvain, qui est toujours placé au centre de la ruche.
Elle ne me semble pas, d'ailleurs, facile à dépouiller ;
car, indépendamment d'un grand nombre d'abeilles dont
il faut se défaire en les enfumant, ou de toute autre manière, comment peut-on être sûr que la reine ne sera pas
dans la partie du haut où du bas de la ruche qu'on
veut enlever, et quel inconvénient ne peut-il pas en
résulter ?

Je ne parlerai de la ruche du vannier, que pour témoi-
gner mon étonnement de la voir encore en usage dans plusieurs départemens, et notamment dans celui de l'Indre.
Faite de quelques brins d'osier, elle expose les abeilles à
toutes les variations de l'atmosphère ; elle s'échauffe et se
refroidit trop promptement. Si l'hiver est doux, le développement du couvain est accéléré, les abeilles pullulent,
et les provisions, ou sont consommées, ou deviennent in-
suffisantes. Si les premiers froids du printemps sont vifs,
les jeunes reines périssent, et il ne faut plus compter que
sur des essaims tardifs. Plus propre à faire végéter qu'à
multiplier les abeilles, la ruche du vannier devrait être
défendue.

» dans leur diamètre ; tous ont un fond
» qui sépare les gâteaux de chaque panier,
» tellement que les abeilles ayant rempli le
» premier panier (celui dans lequel on a
» reçu l'essaim qui forme la peuplade), on
» passe dessous, un second panier, lors-
» que le premier se dispose à essaimer : les
» abeilles descendent aussitôt dans ce se-
» cond panier, par un trou de dix-huit
» à vingt lignes, qu'il a dans son fond ;
» elles se forment un escalier en cire, de
» la grosseur d'un doigt, lequel tient aux
» gâteaux du panier supérieur, et s'attache
» aux gâteaux du second panier. Lorsque
» le second panier est plein de cire et de
» miel, le couvain contenu dans le panier
» supérieur, s'est transformé en abeilles,
» et il essaime au second printemps de
» l'établissement.

» C'est alors que l'on passe un troisième
» panier sous les deux précédens ; c'est alors
» que la reine quitte le panier supérieur,
» qu'elle descend dans le second, et qu'elle
» y établit son nouveau couvain, pendant
» que la peuplade s'occupe d'achever de

» remplir les alvéoles du second panier, qui
» ne le seraient pas encore entièrement, et
» qu'elle commence à bâtir de nouveaux
» édifices en cire dans le troisième. Ces nou-
» veaux édifices sont encore séparés des pré-
» cédens, par un simple filet de cire, qui
» sert d'escalier ou d'échelle aux abeilles,
» pour leur communication de ce panier
» avec les autres.

  » C'est cette même année, au mois d'oc-
» tobre, qu'on peut disposer du panier su-
» périeur de la ruche pyramidale : on le
» trouve parfaitement plein de cire et de
» miel, et pas une abeille; et ainsi succes-
» sivement, d'année en année. »

 Un rapport fait à la Société d'agriculture,
sciences et arts de Rennes, dans sa séance
du 15 novembre 1809, par des commis-
saires nommés par elle, sur le dépouille-
ment de la ruche pyramidale, d'après la
méthode de M. Ducoüédic, en a confirmé
le succès. Ainsi, M. Ducoüédic est parvenu, par un procédé simple, facile, peu
dispendieux, à obtenir des abeilles, sans
leur nuire, le plus grand produit qu'on

ait encore obtenu; et sa méthode, digne
des plus grands encouragemens, ne saurait
être trop répandue.

On pourrait objecter que l'ordre des récoltes, pour la ruche pyramidale, ne s'éta-
blissant qu'à la troisième année, il en résulte une perte réelle pour l'économe; mais
ce n'en est point une, si les résultats sont
tels, qu'ils compensent et au-delà, les
faibles produits des ruches ordinaires. Or,
il est prouvé que la ruche pyramidale est
susceptible de donner, à la première dépouille, et successivement chaque année,
un panier pesant de 25 à 30 kilogrammes
(50 à 60 *livres*) et plus, tant de cire que
de miel; tandis qu'une ruche ordinaire,
telle que la ruche du vannier, donne à
peine 3 à 4 kilogrammes (6 *à* 8 *livres*)
de l'un et de l'autre. Eh ! qui empêche,
d'ailleurs, de placer sur une ruche pyramidale vide, une ruche ordinaire pleine,
au moment où celle-ci se dispose à essaimer ? Que perdra-t-on en revenu ? Fort
peu de chose; et l'ordre de la récolte s'é-
tablira dès l'année suivante.

B

Mais, dira-t-on encore, la ruche pyramidale exige nécessairement le sacrifice
des essaims ? Oui, sans doute; mais n'est-
on pas suffisamment dédommagé par une
récolte, qui est triple et quadruple des
récoltes ordinaires, et qui est d'autant
mieux assurée, qu'elle prend sa source dans
une population toujours croissante ? On
peut, au reste, se procurer des essaims,
en ne plaçant point un troisième panier
sous le deuxième, au moment où celui-ci
va essaimer : on est alors assuré d'un essaim
monstrueux, et tel, que le plus grand panier
puisse, en moins de deux mois, être parfaitement rempli et approvisionné; tandis qu'un
essaim ordinaire peut à peine construire,
pour se loger, le nombre d'alvéoles dont il
a besoin, et, faute de nourriture, périt le
plus souvent. Mais il faudra renoncer à la
récolte de l'année, à moins que la saison ne
soit extrêmement favorable aux abeilles,
ou celles-ci seraient inévitablement exposées à périr.

On ne peut que regretter que M. Ducoüédic ne se soit pas chargé lui-même

de prévenir les objections auxquelles sa
ruche peut donner lieu : il l'eût fait
avec bien plus d'avantage. En cherchant
à le suppléer, je n'ai fait que remplir,
en quelque façon, un devoir; car c'en
est un que de faire valoir d'utiles dé-
couvertes, en contribuant, autant qu'il
est en soi, à leur donner, dans l'opinion
publique, le degré d'importance qu'elles
méritent.

CHAPITRE III.

Manière de faire la Ruche pyramidale.

LE panier de M. Ducoüédic, tel que je l'ai conçu et fait exécuter, diffère de la ruche villageoise, en ce qu'il est d'une seule pièce; que ses parois sont perpendiculaires, et que le fond en est applati comme celui d'un boisseau. Il peut être fait de la même manière, et plus simplement, sur un cercle d'une seule pièce, ayant la forme d'une roue, dont les jantes auraient 18 millimètres (8 *lignes*) d'épaisseur, sur 32 à 34 millimètres (14 à 15 *lignes*) de largeur. On le commence ainsi qu'il suit : On prend d'abord la grosseur de 11 à 14 millimètres (5 à 6 *lignes*) de paille de seigle, autant que possible, qu'on passe dans un anneau d'une largeur proportionnée à la grosseur que l'on veut donner au rouleau, et qui sert à en maintenir l'uniformité ; on l'applique sur le cercle, et on la lie de 34 millimètres en 34 millimètres (15 *lignes* en 15 *lignes*) avec une petite ficelle ; on augmente insensiblement le volume de paille, de manière qu'à la sixième ou septième maille, l'anneau soit rempli ; on fait ensuite le tour du cercle ; lorsqu'on est revenu à l'endroit où l'on a commencé, on arrête la ficelle ; et on continue à fixer les rouleaux les uns sur les autres, avec un lien de ronce ou d'osier, jusqu'à ce qu'on soit parvenu à la hauteur qu'on veut donner au panier, qui doit avoir de 49 à 54 centimètres (18 à 20 *pouces*), sur un diamètre de 38 centimètres (14 *pouces*) dans œuvres. On détache alors la ficelle ; et après avoir ôté le cercle, on la remplace par un lien de l'espèce dont on s'est déjà servi, en ajoutant au rouleau, quelques brins de paille, pour le rendre plus uni.

Le fond du panier, au milieu duquel on laisse une ouverture de 40 à 46 millimètres (18 à 20 *lignes*), est fait de la même manière que celui d'une corbeille ordinaire. On le fixe à demeure, ou on l'attache

avec de petites chevilles en bois, pour pouvoir l'ôter à volonté.

Si l'on veut se ménager un moyen facile
d'alimenter les abeilles, on couvre exté-
rieurement l'ouverture du fond du panier,
d'une petite hausse d'environ 16 centimètres (6 *pouces*) de hauteur, sur un diamètre de 13 à 14 centimètres (5 *pouces*)
dans œuvres. Cette hausse, qui s'ôte et se
met à volonté, afin de pouvoir, au besoin,
placer les paniers les uns sur les autres,
reçoit une petite bouteille de sirop, dont
le goulot coiffé d'une double ou triple toile,
suivant que le tissu est plus ou moins serré,
est introduit par l'ouverture du fond du
panier, après en avoir ôté le morceau de
bois ou de liège dont elle doit rester bou-
chée. La hausse est fermée d'un couvercle
fait de rouleaux de paille, du milieu duquel
s'élève un support en bois, d'environ 16
centimètres (6 *pouces*) de hauteur, et qui
sert à fixer la couverture de la ruche (1).

_____

(1) La ruche pyramidale, telle que je la propose, n'a
besoin d'aucun pourget ou enduit. C'est, en général, une

bien mauvaise méthode, que celle d'enduire les ruches, comme on le fait ordinairement, de bouse de vache. D'abord, il est constant que celle qui provient de vaches qui sont en chaleur, fait déserter les abeilles des ruches qui en sont, au moins, fraichement enduites. En outre, cette matière devenue spongieuse par l'humidité, contracte une odeur de moisissure insupportable aux abeilles. Et puis, à quoi bon revêtir d'une croûte sale et malpropre, une ruche qui, déjà solidement faite, est encore préservée des injures du temps, par la couverture en paille dont elle est revêtue? Il faut laisser cette ressource aux partisans de la ruche du vannier.

~~~~~~~~~~~~~~~~~~~~~~~~~~~~~~

CHAPITRE IV.

Couverture des Ruches.

IL importe fort peu de quelle manière soit faite la couverture d'une ruche, pourvu qu'elle soit solide et impénétrable à la pluie. Cependant, comme la plupart des amateurs qui ont écrit sur les abeilles, et M. Lombard lui-même, n'ont pas dédaigné d'entrer, à cet égard, dans quelques détails, et qu'il me semble qu'on peut, avec plus de simplicité, remplir l'objet qu'ils se sont proposé, j'indiquerai, comme me paraissant préférable, le procédé qui suit :

On prend cinq à six poignées de paille de seigle, autant que possible, comme plus longue et plus capable de résistance; après les avoir nétoyées des courtes pailles et mauvaises herbes, on les réunit, en les attachant avec un lien de paille mouillée, environ quatre doigts au-dessous des épics inférieurs; on rabat ensuite une partie de

la paille (à peu près le tiers) la plus rap-
prochée des épics, et on l'assujétit par
un second lien, sur le premier, qui, par-
là, se trouve entièrement recouvert; puis,
avec un peu de paille, que l'on entremêle
à celle dont les épics sont restés debout,
on fait, en la tordant, un cordon dont on
environne fortement cette dernière partie,
jusqu'à l'extrémité des épics les plus élevés;
de manière que le haut de la couverture
soit absolument semblable, pour la forme,
à un pain de sucre.

La couverture que je propose, n'exige
donc ni fil de fer pour en lier la paille,
ni pot pour la coiffer et préserver les ruches de l'infiltration de la pluie : elle est
simple, solide, impénétrable, et, de plus,
d'un effet agréable à la vue.

CHAPITRE V.

Tablier des Ruches.

LE tablier des ruches doit être, de préférence, en bois, ayant à sa surface deux entailles de 3 centimètres (1 *pouce*) de profondeur, sur 8 centimètres (3 *pouces*) de largeur chacune, dont une, placée sur le devant, pour le passage habituel des abeilles; l'autre, sur le côté, pour servir à se procurer des essaims, sans leur laisser prendre l'essor, comme il est expliqué à la note première du chapitre XIV. Celle-ci, excepté la saison des essaims, doit rester fermée : on peut cependant, en hiver, par des temps secs et beaux, la tenir ouverte, pour procurer aux ruches, un volume d'air plus considérable, et contribuer, par-là, à la conservation des abeilles, comme j'aurai occasion de le faire voir.

Pour assujétir les ruches invariablement, il faut que le tablier soit percé hors de la circonférence de la ruche, de trois trous de tarière, placés, à distances égales, triangulairement : on fait entrer dans chacun de ces trous, un échalas plus ou moins grand, suivant la hauteur des ruches, lequel doit excéder d'environ 5 centimètres (2 *pouces*) le dessous du tablier, et peut être ôté à volonté. La ruche placée au centre, est revêtue de sa couverture en paille; celle-ci est fixée par un cercle en bois, sous lequel aboutissent les extrémités supérieures des échalas; et le cercle est attaché, avec des liens d'osier, aux extrémités inférieures de ces mêmes échalas, qui, à cet effet, doivent, comme je viens de le dire, excéder de quelques centimètres, le dessous du tablier. Il n'est pas de ruches, même la ruche pyramidale, quelqu'élevée qu'elle soit, qui, ainsi assujétie, ne soit en état de résister aux plus violens orages.

Trois pieux enfoncés en terre, produiront le même effet, pour les ruches dont le tablier, soit de pierre, soit de bois, n'est point élevé, et appuie sur la terre.

CHAPITRE VI.

Soins qu'il faut donner aux Abeilles.

LES abeilles veulent être tenues proprement : il faut en éloigner tout ce qui peut leur nuire, et, surtout, les préserver de l'humidité, qui corrompt la pureté des celulles, et les livre à la teigne. Elles ont besoin d'un air renouvelé, surtout en hiver, où les grands dégels et les vapeurs qui s'exhalent de la ruche, produisent une humidité qui leur est souvent funeste. C'est par la corruption de l'air, dit M. Coupé (*de l'Oise*), que l'on trouve si souvent, après l'hiver, des vaisseaux d'abeilles, qui sont mortes au milieu de leurs provisions. Cependant, placées, comme elles le sont ordinairement, à l'exposition du midi, il pourrait, en été, y avoir de l'inconvénient à leur procurer un volume d'air trop considérable : un air brûlant ramolirait les édifices en cire, et donnerait au miel, trop d'évaporation.

Le seul temps où il soit nécessaire de luter les ruches sur leur tablier, est celui où le couvain est prêt à se développer : il lui faut alors une chaleur qui s'élève à plus de 30 degrés du thermomètre de Réaumur. C'est le moment d'où dépend le succès des essaims. Si les froids d'avril et de mai succèdent à une température plus douce, les jeunes reines et les faux-bourdons eux-mêmes périssent ; et il n'y a que peu, ou point d'essaims.

Mais, dans aucun cas, il ne faut fermer entièrement les ruches : les abeilles ont à remplir, au milieu même de l'hiver, des opérations importantes à leur conservation ; souvent elles profitent d'un beau jour, pour se débarrasser d'un excédant de population qui eût inévitablement entraîné la perte de la ruche entière (1).

---

(1) C'est un fait certain, qu'un grand nombre d'abeilles ouvrières sont elles-mêmes détruites, comme les faux-bourdons, quand le besoin l'exige. J'en ai eu la preuve, pour

la seconde fois, l'hiver dernier : elle n'intéresse pas seulement l'économe, mais encore le naturaliste. C'est à la mi-janvier que la tuerie eut lieu. Je crus d'abord que les abeilles ayant été surprises par les froids d'octobre, et n'ayant pu se débarrasser des faux-bourdons, saisissaient les premiers beaux jours de l'hiver, pour s'en défaire ; je revins bientôt de mon erreur, et je me suis convaincu, non-seulement que c'était des abeilles ouvrières, mais encore que la plupart d'entr'elles étaient remplies d'œufs très-distincts à l'œil armé, dont quelques-uns assez gros, pour l'être même à l'œil nu.

Les abeilles ouvrières, ou des abeilles absolument semblables à celles-ci, pondraient donc concurremment avec la reine ? M. *Riem* l'a avancé formellement. Il était peu vraisemblable qu'une seule femelle, dans une ruche telle, par exemple, que la ruche pyramidale, où les édifices en cire sont du double plus considérables que ceux d'une ruche ordinaire, pût suffire à peupler la prodigieuse quantité d'alvéoles que chaque jour, au printemps, voit éclorre. Comment admettre, même avec Réaumur, un aussi grand nombre de mâles (mille à douze cents) pour une seule femelle ? Il n'y aurait pas de proportion dans les moyens dont se servirait la nature, pour la reproduction des abeilles.

Les abeilles ouvrières dont je parle, appartenaient à des essaims de l'année, forts et précoces, qui furent eux-mêmes sur le point d'essaimer : un hiver doux avait accéléré le développement du couvain ; ainsi, tout annonçait dans la ruche, une surabondance de population. Si, cependant, cette ruche eût été fermée, on n'eût eu que quelques faibles issues pour introduire un peu d'air : la peuplade entière eût péri ; tandis qu'elle a réussi parfaitement, et a donné plusieurs essaims, dont un très-précoce. Il ne faut point donner d'entraves à ce peuple industrieux, qui n'use de sa liberté, que pour vous enrichir.

Il ne serait pas impossible qu'il y eût aussi dans les ruches, des mâles de plusieurs espèces : j'en soupçonne une beaucoup plus petite que celle des faux-bourdons, proprement dite. Si elle existe, comme j'ai lieu de le croire, quelle peut être sa destination ? Féconderait-elle les œufs des femelles à la manière des faux-bourdons ? La Nature, en fait d'abeilles, n'a pas encore révélé tous ses secrets.

CHAPITRE VII.

Ennemis des Abeilles. — Moyens de les détruire.

LES rats sont le plus terrible fléau des abeilles, surtout le mulot, capable de détruire, en peu de jours, la ruche la mieux peuplée. On juge de leur présence, par une quantité de mouches sans corselets et sans têtes, qu'on aperçoit à l'entrée et sur le tablier des ruches.

La teigne, ou mangeuse de cire, est une espèce de chenille aussi étonnante par les ravages qu'elle fait dans les ruches, que par l'art avec lequel elle se soustrait à la vigilance des abeilles. Son papillon, qu'il est bon de connaître, est du genre des phalènes ; c'est-à-dire, de ceux qui ne volent que la nuit : il porte des ailes couchées, d'un gris obscur, avec de petites taches ou raies noirâtres.

La teigne est plutôt un vice inhérent aux

ruches faibles ou vieilles, qu'un ennemi des ruches en général ; au moins n'atta-que-t-elle que bien rarement celles qui sont saines et bien peuplées, et jamais les ru-ches bien aérées, comme j'aurai occasion de le faire remarquer, lorsque je parlerai de l'*exposition*. On sait, généralement, que la teigne brise, hache les gâteaux, et met enfin les abeilles dans la nécessité d'aban-donner leur ruche, pour chercher un nouvel asile.

Il ne faut pas confondre la chenille du papillon-teigne avec un petit ver blanc, à tête écailleuse et jaunâtre, qui se loge de préférence entre la ruche et le tablier, et vit des parcelles de cire que laissent tomber les abeilles. Ce ver, qui est le produit d'un petit papillon gris, de l'espèce des pha-lènes, peut être facilement détruit. Il ne faut que frotter d'urine, ou de vin salé, le dessus du tablier, ou même le cerne sur lequel appuie la ruche ; tandis que la teigne ne peut être détruite que par le transva-sement.

On parvient à préserver les abeilles des

C

rats, de la teigne et de l'humidité, en fixant avec un écrou, le tablier des ruches, sur une pierre élevée de terre, d'environ 33 centimètres (1 *pied*), et taillée sur une surface de 117 à 132 centimètres carrés (16 à 18 *pouces carrés*). Ce moyen, que j'ai employé avec succès, et qui n'est pas très-dispendieux, dispense de toute inquiétude, et contribue singulièrement à la prospérité des abeilles.

Ce ne sont pas les seuls ennemis dont les abeilles aient à se défendre (1).

Les guêpes leur livrent une guerre cruelle : non-seulement elles attaquent les

---

(1) On ne peut se lasser d'admirer cette Providence conservatrice, qui multiplie les espèces à proportion des dangers dont elle les a environnées. Les abeilles en proie à une multitude d'oiseaux, qui les saisissent une à une et s'en repaissent eux et leurs petits, résistent encore à l'intempérie des saisons, qui les fait périr par milliers. La conservation de ces précieux insectes, est due à leur prodigieuse multiplication. Une ruche bien peuplée, peut, en moins de deux mois, produire quinze à vingt mille abeilles, qui, suivant toutes les probabilités, ne vivent guère plus d'un an ou deux.

abeilles corps à corps, et parviennent à les
tuer, mais elles s'introduisent dans les ruches faibles, s'y maintiennent par la force,
et bientôt les mettent au pillage. Il faut
lutter les ruches sur leur tablier, et en ré-
duire l'entrée à 14 millimètres (1 *demi-
pouce*) de hauteur, sur 27 millimètres (1
pouce) de largeur. Cette opération très-
simple, et qui doit être faite à propos,
donne aux abeilles, de grands moyens de
défense. Elles s'agroupent au passage, et résistent aux attaques des guêpes, qui n'osent
se hasarder à pénétrer ; ou, si elles pénè-
trent, c'est un signe certain de décadence
pour les abeilles. On peut en dire autant
des fourmis.

On interrompt leur communication avec
les ruches, en faisant, sur le dessous du
tablier, quand il est élevé de terre, comme
je viens de le dire, plusieurs cercles fortement tracés avec de l'ochre ou de la chaux,
ou toute autre substance friable, et d'une
consistance peu ferme. Les fourmis, comme
si elles avaient à traverser un fleuve pro-
fond, s'arrêtent tout-à-coup, reculent,

reviennent, côtoyent long-temps les bords :
on dirait qu'elles cherchent un endroit
guéable; quelquefois elles tentent le passage; et, le plus souvent, elles retournent
sur leurs pas, pour ne plus revenir.

Si le tablier appuie sur la terre, il faut
l'enlever, en nettoyer la place et les envi-
rons, et le replacer, après lui avoir préparé une couche de cendre et de chaux
vive mêlées, assez étendue pour que la couverture de la ruche en soit elle-même en-
vironnée.

Enfin, les faux-bourdons eux-mêmes
peuvent exercer sur les ruches, une influence funeste aux abeilles. Celles-ci saisissent ordinairement les premiers froids
pour les détruire; mais elles ne réussissent
pas toujours. Il faut les aider, surtout les
essaims tardifs, à s'en débarrasser, en ne
laissant à la ruche qu'une seule et unique
sortie; autrement les faux-bourdons rentrent par des voies détournées, lassent, fa-
tiguent les exécuteurs de la haute-justice;
et s'ils parviennent à se maintenir, la ruche

est perdue, quelle qu'en soit d'ailleurs la raison (2).

---

(2) Les faux - bourdons ne sont pas uniquement détruits, comme on l'a prétendu, parce qu'ils consomment les provisions de la ruche ; puisque les rayons de quelques-unes de celles dont ils sont censés avoir causé la perte, et que j'ai examinés avec soin, se sont trouvés pleins de miel. Épuiseraient - ils la reine ? La fécondent - ils même ? Cette dernière opinion, généralement admise, est celle de Réaumur, qui cite à l'appui, un fait qui semblerait ne laisser, à cet égard, aucun doute.

Ce célèbre naturaliste, dit Valmont de Bomare, renferma dans un vaisseau de verre, une jeune reine avec un mâle : il vit, avec surprise que toutes les prévenances que les abeilles ordinaires ont pour une mère, la jeune reine les avait pour le faux-bourdon : elle le carressait soit avec sa trompe, soit avec ses pattes, en tournant autour de lui ; elle lui offrait du miel. Le faux-bourdon soutenait stupidement tant d'agaceries. Cependant, au bout d'un quart-d'heure, il parut s'animer un peu ; et lorsque la femelle, placée vis-à-vis de lui, en regard, eut brossé avec ses jambes, la tête de cet insensible, et qu'elle eut fait jouer doucement ses antennes, le mâle se détermina enfin à répondre à ses avances par d'autres de la même nature. Par ces préludes passionnés, la reine excita enfin son indolent époux, qui devint plus actif, et s'anima de plus en plus. On aperçut distinctement qu'une partie de ses organes intérieurs paraissait au dehors. Tout ce manège dura trois à quatre heures, pendant lesquelles il y eut des temps de

repos et des reprises d'amour ; enfin, le faux - bourdon
tomba dans un repos, qui parut à la reine, de trop longue
durée. Elle voulut le retirer de sa léthargie, en le saisissant
par le corselet avec les dents ; mais ses soins empressés furent inutiles : il était mort.

L'autorité de Réaumur est, sans doute, d'un grand poids ;
cependant, des observateurs célèbres ont rejeté sa théorie
sur la reproduction des abeilles. M. *Schirack* a prétendu que
la reine est féconde sans accouplement. Elle peut être, en
cela, dit M. *Bonnet,* dans ses *Transactions philosophiques,*
semblable aux pucerons, qui ont un principe de fécondité pour plusieurs générations. Il ne serait pas impossible
que les œufs des mères-abeilles fussent fécondés, comme
dans les poissons ovipares, par l'arrosement et l'imprégna-
tion de la liqueur prolifique du mâle. En effet, la reine se
trouve féconde dès le printemps: on la voit, au retour de
la belle saison, déposer ses œufs dans les cellules nouvellement faites, et dans celles qui, l'année précédente, n'ont
point été remplies. Il n'existe alors dans les ruches, aucuns
mâles; tous ont été détruits dès le mois d'octobre. Les œufs
de la reine n'ont donc pu être fécondés que hors d'elle, et
n'ont pu l'être que par ceux des faux-bourdons, qui ont fait
partie du couvain d'automne, et qui sont à peine en larves,
au moment où ces œufs ont été déposés dans les alvéoles ?
Autrement, il faudrait admettre la supposition, que la reine
est rendue féconde pour le temps d'une année à l'autre; ce
qui est contraire à la vraisemblance. A quoi servirait donc,
s'il en était ainsi, la grande quantité de mâles qu'on voit
paraître au printemps, et dont un grand nombre demeure
à la ruche, indépendamment des essaims ?

Ce qu'il y a de certain, c'est que l'existence des faux-bourdons est plus ou moins prolongée, suivant que le travail des abeilles est plus ou moins susceptible d'accroissement, et que c'est, en général, un mauvais pronostic pour les ruches, que la destruction anticipée des mâles.

CHAPITRE VIII.

Maladie des Abeilles.

LES abeilles sont sujettes à la dyssenterie ou dévoiement. Cette maladie est contagieuse : elle se manifeste plus communément en février et mars, et se reconnaît à des taches noires (et non pas jaunes, comme le dit M. Lombard; celles-ci sont naturelles), larges comme des lentilles, qu'on aperçoit sur le tablier et à l'entrée des ruches. Elle provient, dit-on, de ce que les abeilles ont été obligées de se nourrir de miel pur, et de ce qu'elles n'ont pu se nourrir, en partie, de cire brute. Elles sont encore sujettes à une maladie, que M. Ducarne, dans son Traité des abeilles, nomme *vertige*. On voit, dit-il, les abeilles qui en sont attaquées, courir continuellement dans toute l'étendue du jardin, et surtout près des ruches. On les voit tourner, aller, venir et courir sans cesse, jusqu'à ce

qu'ayant trouvé, dans quelqu'endroit en-
foncé du jardin, quelques-unes de leurs
compagnes, elles s'y fixent, et périssent
avec elles. On en voit des milliers attaquées
de cette maladie; on en voit plusieurs dont
les petites pattes sont encore chargées de
petites pelottes de cire brute. Toutes celles
qui en sont attaquées, ont le train de derrière si faible, qu'à peine elles peuvent se
soutenir: elles le traînent sur terre, et font
souvent des efforts inutiles pour s'envoler.

Cette maladie, dont M. Ducarne a parlé
le premier, et à laquelle il ne connaît aucun remède, est, suivant lui, produite
par les sucs de plantes vénéneuses; ce qui
n'est pas vraisemblable, puisque ce sont
ordinairement les abeilles d'une même peuplade qui périssent de ce prétendu vertige, sans que celles des autres ruches en
soient attaquées. J'ai particulièrement re-
marqué qu'elle était ordinaire à celles des
abeilles qui, l'année précédente, avaient
donné beaucoup d'essaims. Peut-être est-
elle dans ces insectes, l'effet d'une nourriture détériorée. La cire brute dont elles se

nourrissent, altérée par les vapeurs qui
règnent dans l'intérieur de la ruche, et
desséchée par la reproduction successive
d'une quantité prodigieuse de mouches, en
perdant toute ductilité, devient nécessairement d'une élaboration difficile, et produit dans les voies intestinales de l'abeille,
une sécheresse qui en paralyse les fonctions.
De-là, cette faiblesse dans le train de derrière, dont parle M. Ducarne, qui rend
inutiles les efforts que fait l'abeille pour
s'élever de terre. Ce qui fortifie ma conjec-
ture, c'est la quantité de cire brute dont,
en effet, ces abeilles sont chargées. S'il
n'existait en elles un vice essentiel dans les
organes de la digestion, ne feraient - elles
pas passer dans l'estomac destiné à l'élaboration de la véritable cire, celle même
cire brute, et ne chercheraient-elles pas à
se décharger d'un poids inutile, sous le
faix duquel elles semblent, pour ainsi dire,
accablées ? Enfin, la preuve de l'impuis-
sance où sont les abeilles, d'employer uti-
lement le produit de leur récolte, c'est
que, malgré leur activité apparente, et la

présence de la reine, dont je me suis assuré, elles ne construisent que peu ou point de nouveaux édifices en cire, et que leur travail, à cet égard, est plutôt l'ouvrage de quelques *ouvrières*, que de la peuplade entière.

Le plus sûr moyen de préserver les abeilles de cette maladie, est, je n'en doute point, de leur donner des vaisseaux proportionnés à leur nombre, plus grands que petits, et où elles ne soient point étouffées et, pour ainsi dire, brûlées par la chaleur.

Quant à la dyssenterie, qui, je crois, est autant l'effet de l'air fétide que les abeilles ont respiré durant l'hiver, à la suite duquel elle se manifeste ordinairement, que du miel dont elles se sont nourries, le moyen de la prévenir est dans un air renouvelé, surtout en hiver, où il n'est pas seulement nécessaire aux abeilles, sous le rapport de la salubrité, mais où il les dispose, comme l'expérience l'a prouvé, à résister aux plus grands froids.

Le remède est dans un sirop fortifiant,

composé dans la proportion de 25 centi-
grammes (1 *quarteron*) de sucre et 20 cen-
tilitres (1 *demi - setier*) de vin vieux ; le
tout bien cuit, qu'on donne aux abeilles,
dans des cartes, à l'entrée des ruches.

La paresse peut être aussi considérée
comme une maladie des abeilles. Ces insectes qui, dans un état prospère, semblent
se multiplier par leur activité, deviennent
tout - à - coup indolens ; leur vol est mal
assuré ; on les voit rentrer à la ruche en
hésitant et sans presque faire de bruit, et
ne ramassant rien ou presque rien. Il faut
enfumer les abeilles, les ranimer, en leur
donnant du sirop de l'espèce ci-dessus indiquée, et finir, si cela devient nécessaire,
par les changer de ruche, en observant,
dans la circonstance dont il s'agit, de leur
en donner une plus petite, comme à tous
les essaims, en général, à moins qu'ils ne
soient très-forts.

~~~~~~~~~~~~~~~~~~~~~~~~~~~~~

CHAPITRE IX.

Nourriture des Abeilles.

C'est toujours un fâcheux pronostic, que d'être obligé de nourrir ses abeilles. Il est rare que celles qui ne pourvoient pas elles-mêmes à leur nourriture, réussissent bien. Quoi qu'il en soit, on peut donner pour nourriture aux abeilles, un composé dans la proportion d'un demi-kilogramme (*une livre*) de miel et d'un litre (*une pinte*) de moût de vin, réduit à consistance de sirop, et bien cuit. Mais la manière de le leur donner n'est pas indifférente : il faut qu'il soit, pour ainsi dire, confondu avec les provisions de la ruche ; autrement les abeilles sont censées le dérober, s'engorgent, et meurent le plus souvent d'indigestion, surtout en hiver, où l'élaboration des substances nutritives ne se fait point, ou se fait mal dans des insectes pour lesquels le premier élément est la chaleur.

La meilleure manière d'alimenter les abeilles, est de leur donner du sirop dans des bouteilles, comme il est indiqué au chapitre III de cet ouvrage.

On peut donner de la nourriture aux abeilles, depuis les premiers jours du printemps, jusqu'au 15 ou 20 d'avril.

CHAPITRE X.

Exposition favorable aux abeilles.

L'EXPOSITION au midi, ou inclinant du levant au midi, et à l'abri du vent du nord, est généralement recommandée comme la plus favorable aux abeilles, en ce qu'elle les met plus immédiatement sous l'influence du soleil, et les préserve des vents rigoureux de l'hiver. Mais si, comme l'ont appris les observations faites au mois de janvier 1789, les abeilles conservent plus de dix-huit à vingt degrés de chaleur, au-dessus de zéro, supérieure à celle de l'atmosphère qui les environne, même quand le thermomètre de Réaumur est à 17 degrés au-dessous de glace, pourquoi l'exposition au nord, ne serait-elle pas la meilleure, comme la plus profitable ?

N'est-il pas évident que plus les abeilles demeurent engourdies, moins elles consomment, et plus, par conséquent, il leur reste de provisions ? Mais, dira-t-on, la consommation est alors proportionnée aux ressources qui sont moindres ! C'est une erreur ; et ce n'est pas la seule que j'espère détruire, en présentant aux amateurs, l'historique d'un essaim que le hasard m'a procuré, et qui, par l'exposition où il s'est établi, et les observations auxquelles il a donné lieu, doit nécessairement jeter un grand jour sur la question dont il s'agit.

Cet essaim s'est fixé, il y a dix-sept ou dix-huit ans, dans une espèce de meurtrière ; et quoiqu'ouverte dans une hauteur de plus de 81 centimètres (30 *pouces*), sur 5 centimètres 4 millimètres (2 *pouces*) de largeur, ayant à sa base 29 centimètres 3 millimètres (11 *pouces*) de circonférence à l'exposition du nord-est ; c'est-à-dire, au vent le plus rigoureux de l'hiver, quoiqu'élevée de terre, de plus de 16 mètres 50 centimètres (50 *pieds*), et privée du soleil les trois quarts de la journée, il a réussi au-delà de toute espérance.

Ce ne fut qu'en 1802, que je fis ouvrir intérieurement la meurtrière, qui, après

avoir été réduite à de plus justes proportions, en en faisant exhausser le bas et ré-
duire l'ouverture extérieure à 32 centimètres 1 millimètre (10 *pouces*) de hauteur
sur 5 centimètres 4 millimètres (2 *pouces*)
de largeur, fut close d'une porte fermant
à clef.

Les gâteaux que j'examinai avec attention, étaient suspendus, contre l'ordinaire,
transversalement à la sortie des abeilles (sans
doute pour amortir l'effet du vent de bise),
et présentaient une masse double, au moins
de celle d'une ruche ordinaire. Ceux sur le
devant, faisant face à la sortie des abeilles,
plus exposés à l'impression de l'air, avaient
une teinte de brun très-foncée, sans cependant offrir aucune trace de moisissure.
Les gâteaux qui suivaient immédiatement,
étaient d'un gris terne; ceux au centre,
d'un jaune généralement plus pâle qu'ils ne
le sont ordinairement ; ceux sur le derrière,
pleins de miel et nouvellement construits,
avaient la blancheur des rayons de l'année :
tous étaient sains et bien conservés.

Ma ruche, depuis cette époque, a été

D

régulièrement taillée, et n'a cessé de donner, avec abondance, du miel de la plus
belle qualité, et de nombreux essaims, qui
toujours, à la vérité, se sont échappés, sans
qu'on ait jamais pu parvenir à les fixer. La
hauteur où ils se trouvent placés et la largeur du passage par où ils sortent, pour
ainsi dire en masse, facilitent leur éléva-
tion et leur départ, favorisés d'ailleurs par
la disposition du bâtiment, qui les dérobe
bientôt à la vue dans leur direction habi-
tuelle, qui est toujours du nord au midi.

La récolte de 1808 a produit, ce qu'on
aura peine à croire, 18 kilogrammes (37
livres) pesant de gâteaux, tant pleins que
vides; et les abeilles n'en ont pas moins
essaimé, quoiqu'en général les ruches aient
peu ou point donné d'essaims.

Mais ce qui est vraiment étonnant, c'est
que ces mêmes abeilles ayant été taillées
l'année suivante, au moment où la gelée
détruisit avec les fleurs, l'espoir des ver-
gers; réduites à vivre sur elles-mêmes, dé-
pouillées de plus de la moitié de leurs gâteaux, et, pendant plus d'un mois, cons-

tamment exposées à la rigueur du vent de
bise, non-seulement elles ont résisté, mais
elles ont encore prospéré et donné un essaim
tardif à la vérité, quand cette même année
la plupart des ruches ont péri.

Cette ruche si prospère, faillit cependant se perdre en un instant. On mit sécher
dans une espèce de galetas sur lequel elle
communique, des volets fraîchement peints
à l'huile : l'odeur de la peinture produisit
une telle fermentation parmi les mouches,
que les rayons se détachèrent, se brisèrent
en morceaux, au point que la sortie des
abeilles en fut obstruée. Le hasard me fit
apercevoir qu'elles sortaient en moindre
quantité qu'à l'ordinaire. J'ouvre bien vîte
la porte de leur laboratoire, et je ne trouve
que désordre et encombrement : une quantité prodigieuse d'abeilles étaient mortes;
un plus grand nombre paraissaient exté-
nuées et languissantes. Je nettoie, je re-
pare, autant que possible, un mal que je
regardais comme irréparable : je croyais
tout perdu; mais la Providence avait veillé
sur cette précieuse reine qui conserve et

maintient par sa présence, la durée d'un empire qui ne peut subsister sans elle (1).

---

(1) M. Schirack a prétendu que les vers qui se transforment en abeilles communes, c'est-à-dire, ouvrières neutres, peuvent aussi se transformer en reines. Ceci expliquerait comment les abeilles d'une ruche peuvent survivre à la perte de la reine; car il est hors de doute que celle-ci périt, le plus souvent, lors de la taille. Comment, en effet, en portant le fer, pour ainsi dire aveuglement, dans une ruche, comme on ne le fait que trop ordinairement, la reine ne périrait-elle pas? Cependant, l'ordre et le travail se rétablissent à l'instant même. Si c'était le germe d'une nouvelle reine, un simple œuf déposé à travers cent mille alvéoles, qui maintînt, avec la paix, l'amour du travail dans un empire aussi populeux, ne pourrait-il pas lui-même être détruit? Et quand il y en aurait plusieurs, les reines, qui en proviennent, ne peuvent-elles pas aussi périr par un effet de l'intempérie des saisons? Ce qui arrive souvent, quand les froids d'avril et de mai succèdent à une température plus douce. Quelle serait donc la cause de cette constante harmonie, qui subsiste indépendamment de circonstances qui semblent devoir la détruire? Il faut bien que les abeilles aient la faculté de remplacer une reine par une autre; et ce qui me semble justifier l'opinion de M. Schirack, c'est que si une ruche vient à périr par suite du pillage auquel elle est abandonnée, c'est toujours dans le temps que les cellules sont, le plus généralement, dépourvues de couvain, c'est-à-dire, depuis environ les derniers jours du mois de juillet, jusqu'à la mi-août.

Les travaux recommencent avec une nouvelle activité: tout se réédifie , tout se dé-
blaye , et l'ordre le plus admirable succède
bientôt au chaos.

Je m'étais déjà aperçu qu'il s'était glissé
dans ma ruche ; une quantité de ces petites
fausses-teignes qui rongent le biscuit , et
sont , en général , très-friandes de sucre et
de farine. Comment faire pour les détruire ?
Je me détermine à introduire une araignée,
que je ne perdis point de vue , comme de
raison , et que je vis à l'instant même ;
comme effrayée du bruit des abeilles , se
tapir dans un des coins les plus reculés des
gâteaux , où bientôt elle tendit ses toiles,
dans lesquelles ces fausses - teignes, après
avoir subi leur métamorphose et devenues
papillons, vinrent trouver leur perte. Je
n'en conseille pas moins d'éloigner les
araignées des ruches.

In foribus laxos suspendit aranea casses.

GEORG. Lib. IV.

Si celle dont je parle ne se fût pas con-

sidérée comme prisonnière, elle ne s'en fût
pas tenue à-des papillons, et les abeilles,
elles-mêmes, fussent devenues sa proie. Il
faut une circonstance semblable à celle où
je me suis trouvé, pour justifier le moyen,
un peu extraordinaire, que j'ai employé.
Mais enfin, je suis parvenu à conserver
ma ruche sans autres événemens fâcheux;
et ce qui est digne de remarque, c'est
qu'elle ait été constamment préservée des
atteintes du papillon-teigne, quoique fort
commun dans les lieux qui l'avoisinent,
et qu'elle n'ait point éprouvé les funestes
effets de la dyssenterie; ce qu'il faut nécessairement attribuer à l'air, sans cesse
renouvelé, qui conserve aux gâteaux leur
pureté, en les préservant de l'humidité,
cause première de la destruction des ruches.

Je terminerai par une observation non
moins importante : c'est que cette ruche,
quoiqu'elle ait donné quelquefois plusieurs
essaims dans l'année, et qu'elle soit demeurée
assez dénuée de mouches, n'a point cessé de
prospérer, quoiqu'il soit reconnu qu'une

ruche ordinaire, qui donne trois à quatre essaims, périt le plus souvent (2).

Cet exposé, qui ne renferme rien qui ne soit de la plus exacte vérité, ne permet pas de douter que l'exposition au nord, ne soit, dans l'éducation des abeilles, celle qui présente le plus d'avantages.

---

(2) Ce serait cependant une erreur de croire, comme on le prétend assez généralement, que la reine périt alors des suites de sa fécondité, et la ruche entière avec elle. La reine peut survivre à ses sujets : c'est un fait constant, dont, tout récemment, je viens d'acquérir la preuve.

Une peuplade d'abeilles, qui, l'année dernière, avait donné trois essaims, détruit ses faux-bourdons, et qui annonçait, au renouvellement des fleurs, devoir prospérer, a succombé en moins de deux jours. Il restait encore quelques abeilles : je respectais leur malheur, et ne voulus point enlever la ruche ; mais je finis enfin par la renverser sur son tablier, et j'allais la dépouiller, lorsque j'aperçus, sur les parois intérieurs, un groupe de huit ou dix abeilles ; je les considérai attentivement, et je vis distinctement qu'elles se pressaient sur une d'entr'elles, que je reconnus bientôt pour la reine : je la saisis et la mis sous un verre. La ruche avait du couvain et des provisions, mais en petite quantité. Sa perte ne peut donc être attribuée ni à la mort, ni à l'épuisement, ni à l'infécondité de la reine. Quelle peut donc en être la cause ? Cette question et beaucoup d'autres du même genre ne laissent aucun doute sur l'insuffisance des observations qui, jusqu'ici, ont été faites sur les abeilles.

~~~~~~~~~~~~~~~~~~~~~~~~~~~~

CHAPITRE XI.

Essaims. — Leur qualité.

CE n'est pas toujours la grosseur de l'essaim qui en fait le mérite. Un essaim ordinaire du mois de mai, est préférable à un plus gros du mois de juillet; celui-ci, quoique fort, est souvent surpris par l'arrière saison, ou retenu par des contre-temps, qui ralentissent la construction des gâteaux, à laquelle rien ne peut suppléer, et il périt.

Cependant, même avec la facilité d'alimenter les abeilles, il faut réunir les essaims faibles et tardifs : il y a toujours plus d'activité, proportion gardée, dans une ruche forte, que dans une ruche faible.

————

CHAPITRE XII.

Présence des Essaims.

LES essaims s'annoncent, dans la ruche, par un bourdonnement extraordinaire: il semble produit par l'empressement d'un nombreux cortège, qui cherche à provoquer la sortie d'une reine, et peut-être à la soustraire au danger dont elle est menacée. Car on sait que les reines se détruisent entr'elles; aussi, pour peu qu'il survienne de contre-temps, les reines surnuméraires périssent, et il n'y a point d'essaims.

~~~~~~~~~~~~~~~~~~~~

CHAPITRE XIII.

Départ des Essaims.

UN signe certain du prochain départ des essaims, c'est, dit M. Lombard, lorsqu'on voit les abeilles revenir des champs, chargées de cire brute (et encore mieux n'y point aller, quoique le temps semble les y inviter), se tenir hors et près de l'entrée de la ruche, attendant le moment du départ. Le son aigu qu'on distingue, en prêtant, le soir, l'oreille près la ruche, et que cet amateur compare au chant de la cigale, n'est rien moins qu'un indice sûr; et j'ai eu, plusieurs fois, occasion de remarquer qu'il annonce plutôt un second, qu'un premier essaim. Lorsqu'au bourdonnement, dont j'ai parlé, on aperçoit quelques mâles à l'entrée des ruches, il faut surveiller celles-ci depuis huit heures du matin, jusqu'à trois heures du soir.

Si les faux-bourdons sortent en grand
nombre, et paraissent avoir le vol assuré,
il y a peu à compter sur des essaims,
à moins que ce ne soient des essaims
tardifs.

~~~~~~~~~~~~~~~~~~~~~~~~~~~

CHAPITRE XIV.

Manière de cueillir les Essaims (1).

En général, il faut cueillir les essaims, posément, sans cris, sans tumulte : le charivari des poëles et des chaudrons ne

---

(1) MM. Ducoüedic et Lombard, indiquent des moyens fort ingénieux, de se procurer, le premier, des essaims, sans leur laisser prendre l'essor; le second, des essaims artificiels.

Procédé de M. Ducoüedic.

On prend, dans la belle saison, un panier plein de cire, de miel et d'abeilles, et un panier vide, mais préparé, pour recevoir un essaim. On pose l'un et l'autre sur un même tablier : on a un conduit de bois, percé d'une extrémité à l'autre, plus long que l'espace qui se trouve entre les deux paniers, d'environ 8 à 11 centimètres (3 à 4 pouces). On fait, dans le travers de ce rouleau, une entaille avec la scie, aux trois quarts de sa consistance; et cette entaille sert pour recevoir une carte, ainsi qu'il sera expliqué. On place les deux extrémités de ce conduit sous les deux paniers, l'un plein et l'autre vide; on lute les paniers avec de la terre glaise, afin que les abeilles n'aient d'issue que par les ouvertures, sur le tablier, et par le conduit de communication d'un panier à l'autre. Les abeilles de l'essaim

produit souvent d'autre effet, que de
retenir la reine à la ruche, ou de l'y faire

nouvellement éclos, que la nature appelle à travailler pour
leur propre compte, trouvent un appartement vide, et elles
s'y logent. Lorsqu'on les voit sortir, et rentrer chargées
par l'ouverture du panier vide, c'est un signe certain qu'elles
ont commencé à bâtir, et que leur reine est logée. Alors,
on interdit la communication entre les deux paniers, en
passant la carte, ci-devant dite, dans la fente pratiquée au
milieu du conduit. On enlève le panier dans lequel s'est
logée cette première peuplade; on pose un autre panier
vide, à la place du premier, et on établit la communication
du panier avec ce nouveau panier vide, en enlevant la
carte qui forme la cloison de séparation. Bientôt un second
panier vide sera plein d'abeilles; on l'enlèvera pour en
placer un troisième, et ainsi de suite, sans épuiser la ruche
et nuire à la récolte.

Procédé de M. Lombard.

M. Lombard commence par établir, ce qui semble en
effet prouvé, que les abeilles ouvrières ont la faculté de
faire des reines, de vers destinés à être abeilles ouvrières,
qu'elles affectionnent particulièrement, et auxquels elles
donnent une nourriture particulière. Il en conclut la possi-
bilité de se procurer des essaims artificiels et précoces. Pour
cela, dit-il, au printemps, lorsque les bourdons paraissent,
ce qui a lieu, communément, à la fin d'avril, ou au com-
mencement de mai, on fait passer une partie des abeilles,
avec leur reine, d'une ruche pleine, dans une ruche
vide. On éloigne alors celle-ci de vingt à trente pas; ou

revenir, lorsqu'elle l'a quittée. Les abeilles rentrent aussitôt; et l'empressement qu'on a mis à s'assurer d'un essaim, est précisément la raison qui fait qu'on ne l'a point eu.

Les abeilles d'un essaim commencent toujours par se réunir avant de partir pour leur destination (2). S'il arrivait

---

remet la ruche pleine à sa place : les abeilles se procurent une autre reine dans cette dernière ; et, par ce moyen, on a des essaims.

C'est à l'expérience à confirmer ce que ces procédés peuvent avoir de réel et d'avantageux.

(2) Un fait, dont j'ai été témoin, ne me permet pas de douter que les abeilles n'aient assez de prévoyance pour s'assurer d'un asile avant le départ des essaims. J'étais à chasser dans un bois taillis, quand, frappé d'un sifflement aigu, je reconnus qu'il était causé par un essaim qui passait au-dessus de ma tête, lequel, sans s'arrêter à plusieurs grands arbres qui se trouvaient sur son passage, disparut bientôt à mes yeux. Un laboureur, que je rejoignis à l'instant même, et qui l'avait également aperçu, après plusieurs réflexions, tant de sa part que de la mienne, sur la direction que l'essaim avait pu prendre, dit : Qu'il pourrait bien se faire qu'il eût été se loger dans un grand chêne, qu'il me désigna, et qu'il soupçonnait creux, parce qu'il avait été percé en plusieurs endroits par les piverts. J'eus la curiosité de m'en assurer; et, accompagné du laboureur, je me rendis au lieu indiqué, éloigné de plus de deux

qu'elles prissent l'essor avant leur première
pose, il faudrait alors leur jeter du sable,
ou de la terre, à pleines mains : on les verra
bientôt s'abaisser et se fixer. Alors, on leur
présente la ruche, s'il y a lieu, sinon, on
les enveloppe d'une nappe ou de feuillage;
et le soir, à la fraicheur, on en dispose
facilement, en les forçant d'abandonner la
place qu'elles occupent, soit au moyen

---

portées de fusil. Quel ne fut pas mon étonnement, quand
je vis, en effet, l'essaim attaché au tronc de l'arbre, et se
dirigeant, en colonne, vers la cime, pour parvenir à l'un des
trous dont on m'avait parlé, et où, enfin, il finit par s'établir ! Que d'intelligence dans de misérables insectes !

Il n'est pas étonnant que cette prévoyance admirable ait
donné lieu de penser que les abeilles étaient susceptibles
d'attachement pour les personnes qui en prenaient soin. Il
n'en faut pas conclure rigoureusement qu'il faille, à la mort
de celles-ci, leur donner ce qu'on appelle *le deuil*; mais
il n'en est pas moins vrai que cet événement a souvent
été pour elles une époque de décadence, quelle qu'en soit,
d'ailleurs, la raison. Tout cela, dira-t-on, préjugés de
bonnes gens. Eh ! qu'importe, s'ils nourrissent l'ame d'affections douces, et contribuent à rendre l'homme plus heu-
reux ! Ne détruisons point le faisceau des liens qui nous
attachent à la vie; c'est en ce sens que Voltaire a dit:

Ah ! croyez-moi, l'erreur a son mérite

d'herbes fortes, dont l'odeur leur est désa-
gréable, telles que la camomille puante
et le sureau, soit en les enfumant. Il se
présente des circonstances où le bon sens
doit suppléer aux instructions. J'ai vu un
essaim fixé à l'extrémité des plus hautes
branches d'un très-grand arbre. Comment
le cueillir? Un maçon, qui se trouvait-là,
monte sur l'arbre, approche de la branche,
la coupe, l'attaché à un cordeau, qu'il tire
de sa poche, et fait ainsi descendre l'essaim,
en grappe, à travers les branches de l'arbre, dans la ruche destinée à le recevoir,
et où il s'établit.

~~~~~~~~~~~~~~~~~~~~~

CHAPITRE XV.

Comment retenir les derniers Essaims à la Ruche.

J'AI dit plus haut qu'une ruche qui donne trois à quatre essaims, périt le plus ordinairement. J'ajouterai que, de tous ces essaims, il n'y a que le premier qui soit bon; les autres ne sont, à proprement parler, que des demi-essaims, qui, trop faibles pour résister à l'intempérie des saisons et suffire aux travaux dont ils ont à s'occuper, périssent bientôt de langueur et de misère, quels que soient d'ailleurs les soins qu'on leur donne.

Mais, pourquoi ces essaims sortent-ils de la ruche, pour ainsi dire, imparfaits et hors d'état de pourvoir à leur conservation? Pour moi, je n'en doute point : c'est à la trop grande chaleur qu'il faut en attribuer la cause. Elle devient excessive pour les ruches placées à l'exposition du midi (surtout si elles sont petites), et force les mou-

E

ches d'une couvée, à peine écloses, à partir avant d'attendre celles avec lesquelles elles ne devaient faire qu'un seul et même essaim. Aussi, a-t-on pu remarquer qu'un troisième et quatrième essaims qui se succèdent, à peu de jours d'intervalle, cherchent toujours à se réunir hors de la ruche. On voit quelquefois le dernier des deux, se rendre directement où le premier s'est établi, et en être bien reçu; et, si celui-ci a été mis sous une ruche, en sortir dès que l'autre part, pour le rejoindre et ne faire qu'une seule et même famille, tant il est vrai que leur séparation n'est due qu'à une cause accidentelle, et que leur instinct, comme leurs besoins, les portent à se réunir, ne pouvant subsister l'un sans l'autre.

La manière de retenir les essaims à la ruche jusqu'à ce qu'ils soient en état de la quitter, est d'abord dans l'exposition qu'il faut changer. Celle au nord, est encore, sous ce rapport, la plus avantageuse. Là, les abeilles essaiment naturellement, et ne prennent l'essor qu'autant qu'elles sont réunies en assez grand nombre pour suffire

à leurs besoins et former un nouvel établissement. Il faut, en second lieu, donner aux
abeilles des paniers suffisamment grands ; et
c'est encore là un des avantages de la ruche
pyramidale, qui, par cela même qu'elle est
grande, a moins à redouter l'exposition
au midi, laquelle lui est même favorable,
sous le rapport de la construction des
édifices en cire. Enfin, il faut soulever la
ruche sur des cales, et lui procurer un volume d'air plus considérable, sans cependant l'exposer à un air brûlant, qui ferait
couler le miel des alvéoles. On ôte les cales,
et on lute la ruche sur son tablier, quand
on l'a jugée suffisamment préparée à essaimer ; ce que l'on reconnaît à la grande
quantité de mouches dont sont couverts les
rayons à leurs extrémités inférieures. Par
ce moyen, on n'a que de forts et vigou-
reux essaims. Mais, si, indépendamment de
l'exposition au nord et des moyens que je
viens d'indiquer, des temps couverts et
orageux excitaient, dans les ruches, des
jets désordonnés, il faudrait prendre le
parti de marier les essaims ; c'est-à-dire, de
les réunir.

CHAPITRE XVI.

Mariage des Essaims.

On réunit ou marie les essaims, en en mettant deux ou trois ensemble, suivant qu'ils sont plus ou moins faibles, ou que la saison est plus ou moins avancée. Voici la manière de le faire : On prend une très-petite ruche, sans baguette, qu'on tient en réserve, pour s'en servir au besoin. On la prépare, pour la rendre plus agréable aux abeilles, en la frottant d'un peu de miel et de thym; et on y reçoit l'essaim qu'on veut marier. Le soir même du jour où il a été cueilli, après que le soleil est couché, on le transporte doucement près de la ruche à laquelle il doit être réuni; on a étendu sur des planchers une nappe, sur laquelle on applique fortement la ruche qu'on vient d'apporter. L'essaim se détache, et tombe. On le découvre et recouvre aussitôt de la ruche dans laquelle il doit rester. Celle-ci dès le lendemain, peut être remise sur son tablier. Les abeilles ont monté pendant la nuit, et la réunion est faite. On peut, par ce procédé, rendre à leur souche, les essaims qu'on juge l'avoir affaiblie.

Il ne faut cependant pas s'imaginer que la réunion d'un essaim avec un autre, puisse se faire dans tous les temps, au moins facilement. Il n'y a pour cela qu'un moment favorable : c'est celui où les abeilles quittent la mère-ruche, pour former ailleurs un nouvel établissement; c'est le temps des essaims , et lorsqu'il n'y a encore dans les ruches, que peu ou point de gâteaux. Un essaim déjà établi et qui s'est procuré quelques ressources, souffre avec peine que des abeilles étrangères viennent partager ses provisions : il leur livre une guerre cruelle; et, s'il n'en est empêché, parvient à les détruire. Il faut, dans la circonstance dont il s'agit ici, commencer par enfumer les abeilles de la ruche où doit s'opérer la réunion. On les rend timides et craintives, en les alarmant sur leur propre sureté, et particulièrement sur celle de la reine. Elles souffrent moins impatiemment une réunion , qui,

d'ailleurs, ne réussit pas toujours, quoiqu'en aient dit des amateurs, qui, en cela,
comme en beaucoup d'autres choses, ont
avancé, sur l'éducation des abeilles, moins
ce qu'ils ont pratiqué, que ce qu'ils ont
jugé praticable.

On enfume les abeilles avec un linge
roulé, qu'on fait brûler par un bout et
qu'on tient assujéti à une baguette, pour
s'en servir avec plus de facilité.

CHAPITRE XVII.

Essaims mêlés, ou divisés.

Si un essaim se divise en partant, c'est qu'il a plusieurs reines. Il faut se saisir de la plus forte partie, et forcer la moins considérable à quitter l'endroit où elle s'est fixée. Il est rare que les abeilles ne se rattachent pas à la première. Dans tous les cas, il faut les réunir, et renoncer à l'espoir de former deux paniers.

Si deux essaims se mêlent, il faut leur présenter deux ruches à la fois, et en diriger une forte partie dans chacune d'elles. S'ils s'obstinent à ne se point diviser, il faut réunir deux ruches (suivant la forme de celles dont on se sert), ou avoir recours à une beaucoup plus grande que celles ordinaires. Le travail et l'activité croissent en raison du nombre des ouvrières; et dès l'année même, on est assuré d'un essaim.

CHAPITRE XVIII.

Pillage des Ruches.

Il arrive quelquefois qu'un essaim sort
de la mère-ruche, ou même de celle qu'on
lui a donné, pour aller se précipiter dans
une autre ruche. Cette circonstance est une
de celles qui présentent le plus de diffi-
cultés. Il se fait un carnage horrible ; quelquefois même, électrisées par la fureur des
deux partis, les abeilles d'une ruche voi-
sine, sortent en foule, se joignent aux com-
battans, et successivement tout le rucher :
tout se mêle, tout se confond ; il semble
que toutes les ruches soient au pillage. C'est
le cas de recourir au charivari des poêles
et des chaudrons. On étonne les abeilles :
leur fureur se ralentit. Mais, la cause du
désordre subsistant toujours, il faut fermer
la ruche envahie, et même celles dont les
abeilles paraissent le plus animées. Le calme
renaît par la mort d'une des reines, qui est
bientôt sacrifiée à l'intérêt général.

CHAPITRE XIX.

Piqûre des Abeilles.

Il y a, comme on sait, trois espèces de mouches connues dans les ruches : les *ouvrières*, les *faux-bourdons* ou mâles, et la *reine*. Celle-ci a un aiguillon dont elle se sert rarement ; les faux-bourdons n'en ont point ; les ouvrières, chargées pour ainsi dire exclusivement de la défense de l'état, en ont un, dont, à la moindre apparence de danger, elles sont très-promptes à se servir.

Et dans un faible corps, s'allume un grand courage.

Delille.

Sans doute, il est prudent de se couvrir la figure d'un masque en toile, lorsqu'on veut visiter les ruches ou les nettoyer ; mais il ne faut pas paraître craindre les abeilles· Il semble que l'hésitation de la part de ceux qui les approchent, soit pour elles, un indice de malveillance : elles s'irritent ; on fuit, et l'on est piqué.

Mors et fugacem persequitur virum.

On a bien indiqué des recettes contre la piqûre des abeilles, sans qu'aucune soit réellement efficace. L'alkali n'est pas à la portée de tout le monde, et, d'ailleurs, produit peu d'effet. La chaux vive a le très-grand inconvénient de brûler la peau ; l'huile et le miel agissent avec plus ou moins de succès, suivant la nature du tempérament. La suie écrasée sur la piqûre, est ce qui m'a toujours le mieux réussi : elle absorbe une partie du venin, et diminue sensiblement la douleur. Le jus d'oignon est encore bon ; mais le plus court et le mieux, c'est d'arracher l'aiguillon, lorsqu'il est resté, ce qui arrive presque toujours, et de presser la plaie avec les doigts ou avec les dents, pour en faire sortir le poison.

CHAPITRE XX.

Transvasement des Ruches.

La ruche pyramidale n'est point susceptible de transvasement proprement dit ; le
renouvellement successif des paniers en est
un presque continuel, et pare aux incon-
véniens des ruches ordinaires.

Lorsque le transvasement des ruches est
devenu nécessaire, soit par les ravages de
la teigne, soit par la vétusté des gâteaux,
ou une surabondance de population, sans
espoir d'essaims, soit enfin par l'état de
langueur et de paresse où sont les abeilles,
on l'opère ainsi qu'il suit.

On retourne la ruche qu'on veut trans-
vaser, le dessus dessous, et on la couvre
d'une ruche vide du même diamètre, autant que possible. On les environne d'un
linge au cerne, ou on les lute exactement
avec de la terre grasse ; et, avec deux ba-
guettes, on frappe assez vivement sur la

ruche pleine, du bas en haut. Les abeilles
montent bientôt en foule dans la ruche supérieure. Lorsqu'on juge qu'elles y sont
réunies en assez grand nombre, on enlève
la ruche renversée; on la place à une dis-
tance de vingt-cinq à trente pas, et on met
l'autre sur le tablier. Si les abeilles aban-
donnent cette dernière, pour retourner à
celle qu'on vient d'éloigner, c'est une
preuve que la reine ne l'a point quittée.
L'opération est manquée : il faut la re-
mettre à quelques jours, et rapporter la
ruche sur son tablier.

Le temps le plus favorable au transvasement, est celui des essaims; le moment,
quand le soleil se couche, ou le matin, à
la pointe du jour. Il faut, autant qu'on
peut, ménager le couvain; et faire en sorte
que les abeilles aient le temps de réparer
leurs pertes.

Si la pluie succède au transvasement, et
que le mauvais temps ne permette pas aux
abeilles de quitter leur ruche et d'aller aux
champs, il faut leur donner du sirop de
l'espèce dont il est parlé au chapitre IX, ou

du miel mêlé d'un peu d'eau-de-vie et de sucre, et le leur présenter dans une assiette, qu'on place le plus près possible des abeilles, et qu'il faut ôter dès que le temps leur permet de pourvoir elles-mêmes à leur nourriture (1). On couvre le sirop ou le miel,

---

(1) La manière d'alimenter les abeilles, ne peut être ici la même que celle indiquée au chap. III de cet ouvrage, parce qu'il y a cette différence entre l'une et l'autre circonstance, que les abeilles qui ont travaillé dans une ruche, paraissent recevoir, sans contrariété, le goulot de la bouteille par où elles sont alimentées ; tandis que celles qui se préparent à former un nouvel établissement, ne manquent jamais de faire la visite exacte du local qu'on leur a donné, et cherchent à détruire, autant qu'elles le peuvent, tout ce qui peut leur nuire, ou qui leur est étranger. Elles s'attachent presque toujours, comme l'expérience me l'a prouvé, au goulot de la bouteille, et parviennent à en détacher l'enveloppe, en la rongeant avec leurs dents ou leurs machoires; de manière que le sirop n'étant plus contenu, inonde et la ruche et les mouches. On pourrait cependant parer à tout cela, en revêtissant la première enveloppe de la bouteille, d'une seconde en fer blanc, ayant la tête d'un étui, et percée de petits trous, pour faciliter l'écoulement et l'aspiration de la liqueur.

Je conseillerais, alors, l'emploi du même procédé, pour toutes les circonstances où il s'agirait de donner de la nourriture aux abeilles.

d'une feuille de papier mouillé, pour empêcher que les abeilles ne s'engluent.

Ce que je viens, au reste, de prescrire pour les abeilles qu'on fait passer d'une ruche dans une autre, est applicable aux essaims dont les mouches encore tendres et plus délicates, exigent autant et plus de soins.

~~~~~~~~~~~~~~~~~~~~~~~~~~~~~~~~

CHAPITRE XXI.

Produit des Abeilles.

JE ne veux pas reproduire les calculs, tant
de fois présentés, sur le produit qu'on peut
obtenir des abeilles ; je me bornerai à dire,
que deux essaims achetés en 1805, et placés
dans la ruche villageoise, ont produit jusqu'au 1.er septembre 1809, une succession
de quatorze essaims : deux ont péri ; un s'est
échappé ; restent onze, qui réunis aux deux
premiers, et donnant chacun, avec leurs
essaims, au moins 15 francs de rente, et
c'est le moins, forment un revenu annuel
de près de 200 francs. Et qu'aura-t-il coûté ?
Rien, presque rien ; la concession d'un
petit coin de terre, qui n'eût pas rapporté
1 franc de rente. Ainsi, qu'un particulier
intelligent réunisse dans son jardin, une
cinquantaine de peuplade d'abeilles, il va
se faire un revenu de plus de 700 francs.
Réduisons-le à 6 et même à 500 francs, à

cause des frais, mortalité et autres événemens imprévus (quoique le bénéfice des
essaims soit, à peu près, compté pour rien),
c'est encore plus qu'on ne retirerait d'une
exploitation à quatre bœufs, et avec bien
moins de frais et de peine. Ce revenu sera
bien autrement important, si l'on adopte
la ruche pyramidale.

CHAPITRE XXII.

Façon d'extraire le Miel des rayons, tirée de M. Duhamel du Monceau.

JE n'ai pas cru dans un ouvrage du genre de celui-ci, qui ne peut avoir d'importance qu'autant qu'il peut être utile, me faire scrupule de reproduire les procédés qui sont indiqués, comme les meilleurs et les plus simples, pour préparer le miel et la cire; c'est d'ailleurs un hommage à rendre à ceux-là mêmes à qui nous les devons, que de puiser à la source des connaissances dont ils nous ont enrichis.

A mesure que l'on ôte les rayons des ruches, on met à part les gâteaux qui ne seront pas bruns ou noirs, ainsi que ceux qui ne contiennent point de cire brute et de couvain. C'est ordinairement sur les côtés des ruches que se trouve le plus beau miel; celui du centre n'est pas aussi parfait. On

F.

passe légèrement un couteau sur les gâteaux pleins de beau miel, pour rompre les
couvertures des alvéoles, et emporter le
miel épais, qui, se trouvant immédiatement sur ces couvertures de cire, empê-
cherait le miel liquide de s'écouler. On
rompt ensuite les gâteaux en plusieurs morceaux; on les arrange dans des vases de
terre percés par en bas, ou dans des cor-
beilles, ou sur des claies d'osier, ou sur une
toile de crin.

Le plus beau miel, celui qu'on nomme
miel vierge, coule peu à peu de lui-même,
comme de l'huile, dans les vases de terre
vernisée, qu'on a soin de poser par dessous
pour le recevoir. Comme il faut un air
chaud, ou tout au moins doux, pour faire
couler le miel, il serait à propos, lorsqu'il
fait froid, de tenir les rayons dans un air
tempéré, au moyen d'un poêle. Mais ordinairement ces opérations se font dans
l'été. Si l'air était trop chaud, le miel de-
viendrait trop liquide.

Quand on a ainsi retiré le premier miel,
on brise les gâteaux avec les mains, sans

les pétrir. On y ajoute ceux qui sont moins parfaits; ce qui produit du miel de moindre qualité, dont la couleur jaune est causée par une petite partie de cire brute, produite par la poussière des étamines des fleurs, mêlée d'un peu de miel, et dont plusieurs alvéoles se trouvent remplis.

Quelques - uns, pour retirer ce second miel, passent légèrement ces gâteaux à la presse; mais ce miel est moins pur, et il contracte un goût de cire.

On met ces différens miels dans des pots, que l'on tient dans un lieu bien frais. Ils y fermentent, et jettent une écume mêlée de la poussière des étamines, qui, par sa légereté, se porte à sa surface. On a soin d'enlever ces substances étrangères avec une cuillier. Lorsqu'on a l'attention de bien trier les gâteaux, ce second miel est encore bon. Enfin, on pétrit, entre les mains, les gâteaux vieux et nouveaux, même ceux qui contiennent de la cire brute, ayant seulement l'attention de n'y pas mettre les rayons qui contiennent du couvain. On forme avec les rayons, une espèce de pâte,

qu'on met sous presse, pour enlever le miel
commun. On en met les restes au four,
après qu'on en a retiré le pain, ou un peu
avant, si l'on avait lieu de penser qu'il ne
fût pas assez chaud. Pour déterminer le
miel à couler, on peut humecter cette espèce de pâte avec une petite quantité d'eau
chaude; mais il faut prendre garde de le
noyer. Il ne faut pas non plus que l'eau
soit trop chaude : elle ferait fondre la cire.

~~~~~~~~~~~~~~~~~~~~~~~~~~~~

CHAPITRE XXIII.

*Manière de fondre la Cire jaune,
extraite du* Parfait Agriculteur.

QUAND on a séparé le miel qui était dans
les rayons, on met la cire dans un chau-
dron avec de l'eau, pour empêcher qu'elle
ne brûle en la faisant bouillir : on remue
de temps en temps avec un bâton ou une
spatule en bois. Lorsque le tout est bien
dissous et bien fondu, on le verse bouillant
dans un sac de grosse toile un peu claire,
qu'on fait couler dans un baquet, où l'on
a mis de l'eau pour faire surnager et figer
la cire qui coule de cette espèce de pas-
soire : on en exprime toute la cire, en ne
laissant que la crasse au fond du sac.

Pour purifier la cire, il convient de la
fondre une seconde fois dans une petite
quantité d'eau, sans la faire bouillir. On
l'écume soigneusement, et ensuite on la
verse dans des terrines ou autres vases

mouillés et propres à former des pains plus ou moins gros.

Lorsque ces pains sont bien refroidis, on renverse les vases, et l'on racle toute la crasse qui s'est déposée au fond des pains. Alors, on peut vendre cette cire, ou la blanchir (1).

---

(1) On blanchit la cire, en la faisant fondre et en la réduisant, à plusieurs reprises, en lames plus fines qu'un ruban très-mince, et en l'exposant un grand nombre de fois au soleil et à la rosée, pendant plusieurs mois. Cette opération longue et difficile, ne peut être lucrative qu'autant qu'elle est faite en grand. Il est plus simple d'échanger sa cire jaune contre de la blanche, dans les blanchisseries où l'on travaille celle-ci, et où, comme à Orléans, il est aisé de se procurer de très - belle cire blanche à 25 centimes de perte par demi-kilograme (1 *livre*) de cire jaune.

CHAPITRE XXIV.

Sirop de Miel, semblable à un Sirop de Sucre, d'après les procédés de M. Cadet Devaux.

PRENEZ miel commun 6 kilogrammes (12 *livres*); eau, trois kilogrammes (6 *livres*, ou 3 *pintes mesure de Paris*), ou l'eau que contiennent trois bouteilles communes; faites fondre le miel sur un petit feu; quand il sera fondu, mettez-y charbon sec et sonore, nouvellement fait, et légèrement écrasé, 1 kilogramme et demi (3 *livres*), en évitant d'y mêler de la poussière de charbon; rejetez les fumerons. Si l'on n'est pas sûr d'avoir du charbon nouvellement fait, il faut allumer celui que l'on a, et le jeter tout enflammé dans le miel. Faites bouillir le tout ensemble sur un feu doux, sans remuer les charbons, pour n'en pas détacher la poussière par les frottemens; appuyez seulement de temps à autres, sur les charbons, avec le dos d'une écumoire. Il se formera un bouillon dans le milieu ; le charbon se retirera dans la circonférence, avec une écume très-épaisse. Lorsque les gouttes de sirop commenceront à s'épaissir, enlevez le charbon avec l'écumoire, et versez la liqueur sur un linge blanc de lessive, mis en double, et suffisamment fin pour que la poussière ne passe pas avec le sirop. Remettez le sirop sur le feu, pour finir de l'écumer et de le cuire. Pour connaître quand le miel est cuit en consistance de sirop, il faut en faire tomber un peu dans un gobelet d'eau froide : il ne sera cuit que lorsqu'il se précipitera au fond du gobelet, en forme de globules. Six kilogrammes (12 *livres*) de miel donnent environ 3 kilogrammes (6 *livres*) d'un sirop clair, agréable au goût, et absolument semblable à un sirop de sucre.

M. *Parmentier* a employé, pour ôter au miel son âcreté naturelle, un procédé qui peut être préférable à celui que je viens d'indiquer, en ce qu'il ne laisse point au sirop le petit goût de caramel que lui donne le charbon enflammé. Le voici :

Choisissez le plus beau miel, et mettez-en telle quantité que vous jugerez convenable, sur le feu. Aussitôt qu'il sera en ébulition, jetez-y un peu d'eau froide, et laissez reposer. Ajoutez une quatrième partie d'eau chaude, et faites bouillir jusqu'à consistance de sirop.

Confitures au Miel.

Prenez groseilles égrenées 2 kilogrammes (4 *livres*); mettez-lez dans le sirop bouillant. Quand les groseilles seront crevées et auront rendu tout leur suc, passez à travers un tamis, pour separer le marc, que vous laisserez égoutter sans exprimer; ce qui troublerait la liqueur, que vous mettrez cuire jusqu'à consistance de confiture.

Le procédé est le même pour la cerise, l'abricot, la prune, etc.

Les confitures au sirop de miel ne peuvent être gardées qu'autant qu'elles sont bien cuites.

Il faut de 40 à 50 décagrammes (3 *quarterons ou* une *livre*) de sirop de miel par demi-kilogramme (une *livre*) de fruit.

CHAPITRE XXV.

Conclusion.

COMMENT ne pas sentir le prix des utiles travaux des abeilles! Leur cire nous éclaire; leur miel nous nourrit; il faisait les délices de nos pères, le luxe de leur table : il peut encore devenir digne des nôtres. Il ne faut point pour l'obtenir, déchirer le sein de la terre : c'est un présent du ciel, qui n'entraîne après soi ni douloureux souvenirs, ni regrets, ni repentirs. Que de raisons de multiplier ces précieux insectes, indépendamment du plaisir innocent dont ils sont l'objet! C'est à l'homme paisible et de mœurs simples, au véritable homme des champs qu'il est réservé d'en jouir. Il faut aimer la nature pour en sentir les beautés. Ainsi, les abeilles en comblant de leurs dons les vœux de l'économe, par les soins mêmes qu'elles exigent, charment encore les loisirs du sage.

C'est à vous, Messieurs (1), dont le zèle éclairé contribue chaque jour davantage à l'amélioration des parties les plus importantes de l'agriculture du département, c'est à vous qu'il appartient de donner à cette branche de l'économie rurale, le degré de perfectionnement dont elle est susceptible. C'est par votre exemple et l'influence personnelle dont vous jouissez, que vous parviendrez, dans le gouvernement des abeilles, à faire prévaloir les principes d'une bonne éducation sur les malheureux effets de l'aveugle routine.

Déjà brille d'un nouvel éclat, le flambeau de l'expérience. Ceux-là mêmes qui affectaient le plus de méconnaître l'importance des travaux agricoles, se montrent les plus empressés à en recueillir les fruits. Le sol du département ne peut plus refuser des trésors qu'il a trop long-temps cachés. Ne vous lassez point, Messieurs, de faire le bien : l'opinion publique vous en tiendra compte.

_____

(1) MM. les membres de la Société d'agriculture du département de l'Indre.

Il est d'ailleurs une récompense qui ne saurait vous manquer, inséparable des bonnes actions, et qui, comme elles, a sa source dans le cœur de celui-là même qui les fait. S'il est doux d'être utile, c'est surtout quand il s'agit du bien-être de ses concitoyens (2).

---

(2) Un modèle de la ruche pyramidale, exécuté d'après les proportions établies au chapitre III de cet ouvrage, a été déposé dans la salle des séances de la Société d'agriculture du département de l'Indre, et peut être consulté, en s'adressant à M. *Forest*, secrétaire de la Société, chef de division à la préfecture, enclos de St.-Martin.

F I N.

TABLE DES MATIÈRES.

www.ingramcontent.com/pod-product-compliance
Lightning Source LLC
Chambersburg PA
CBHW050557210326
41521CB00008B/1015